Juan Pablo Cortez Sánchez
Marco Antonio Ramos Corella
Gema Karina Ibarra Torúa

Detección de Puentes Térmicos en una vivienda por medio de Termografía

Juan Pablo Cortez Sánchez
Marco Antonio Ramos Corella
Gema Karina Ibarra Torúa

Detección de Puentes Térmicos en una vivienda por medio de Termografía

Y algunas Estrategias para Mitigar su Impacto

Editorial Académica Española

Imprint
Any brand names and product names mentioned in this book are subject to trademark, brand or patent protection and are trademarks or registered trademarks of their respective holders. The use of brand names, product names, common names, trade names, product descriptions etc. even without a particular marking in this work is in no way to be construed to mean that such names may be regarded as unrestricted in respect of trademark and brand protection legislation and could thus be used by anyone.

Cover image: www.ingimage.com

Publisher:
Editorial Académica Española
is a trademark of
Dodo Books Indian Ocean Ltd. and OmniScriptum S.R.L publishing group

120 High Road, East Finchley, London, N2 9ED, United Kingdom
Str. Armeneasca 28/1, office 1, Chisinau MD-2012, Republic of Moldova, Europe
Printed at: see last page
ISBN: 978-620-2-25510-3

DETECCIÓN DE PUENTES TÉRMICOS EN UNA VIVIENDA POR MEDIO DE TERMOGRAFÍA

Y ALGUNAS ESTRATEGIAS PARA MITIGAR SU IMPACTO

JUAN PABLO CORTEZ SÁNCHEZ

MARCO ANTONIO RAMOS CORELLA

GEMA KARINA IBARRA TORÚA

Resumen

En la actualidad el medio ambiente construido es uno de los mayores generadores de Gases de Efecto Invernadero (GEI) en el mundo, causantes del cambio climático. Estos gases están íntimamente relacionados con el consumo energético generado en el interior de las edificaciones destinado a brindar confort térmico a sus ocupantes. Al tener construcciones en climas con temperaturas extremas, el confort se vuelve difícil de alcanzar dado que hay mucha transferencia de calor entre el interior y exterior de las construcciones, la cual se realiza a través de la envolvente de la vivienda. Esta transferencia de temperatura no se da igual por todos los elementos de la envolvente, si no que se encuentran ciertas zonas, que, por sus características físicas, son más propensas a transmitir el calor. Estas zonas se denominan puentes térmicos. Este libro muestra el resultado de un trabajo cuyo objetivo fue identificar por medio de imágenes termográficas los principales puentes térmicos en una construcción, antes y después de una intervención, con la finalidad de determinar si las modificaciones tuvieron un impacto positivo en su aparición. Como conclusión se encontró que el resultado de las modificaciones influyó positivamente ya que se logró reducir la diferencia de temperaturas entre la envolvente y los puentes térmicos anteriormente identificados.

ÍNDICE

ÍNDICE DE FIGURAS

ÍNDICE DE TABLAS

Capítulo 1: Problemas globales

En la actualidad se puede observar en el planeta una alta preocupación relacionada con el cambio climático, éste se manifiesta a través las alteraciones de los sistemas naturales físicos y biológicos que afectan directamente a toda la tierra en su conjunto.

Desde la década de los 80's se ha documentado que, como resultado de la actividad humana, las emisiones de los denominados Gases de Efecto Invernadero (GEI) están modificando el clima natural a una velocidad mayor que lo considerado normal. Los gases de efecto invernadero más relevantes que se presentan en la naturaleza son los siguientes: vapor de agua, dióxido de carbono, metano, óxido de nitrógeno, ozono estratosférico y clorofluorocarbonos. Todos estos gases ocasionan que la tanto la superficie de la Tierra como las capas inferiores de la atmosfera se calienten, ya que, al entrar el calor a la tierra, proveniente del sol, no permiten que escape, a esto se le conoce como efecto invernadero.

El cambio climático provocado por el hombre esta esencialmente relacionado con la intensificación del efecto invernadero, ya que las actividades realizadas por los seres humanos, en especial las relacionadas con el consumo de combustibles fósiles, agregan más gases invernadero al ambiente de los que ya existen de manera natural y como consecuencia de ello, los procesos físicos y químicos propios de la naturaleza tardan más tiempo del normal para eliminarlos y no son capaces de mantener una temperatura adecuada, por lo tanto, ocasionan efectos perjudiciales al equilibrio térmico y fisicoquímico de la atmósfera. En respuesta a estos cambios, los países han comenzado a desarrollar estrategias para disminuir las emisiones de estos gases y minimizar su impacto en las condiciones climáticas globales.

Uno de los principales impactos del cambio climático es el incremento de la temperatura. La temperatura de la superficie terrestre está en constante cambio, lo cual es normal. El incremento en la temperatura de la superficie terrestre se ha monitoreado de manera constante desde 1861, sin embargo, durante el siglo XX se han registrado incrementos más altos y los años de mayor relevancia fueron durante el periodo de 1983-1998 (Aguilar, 2004), lo cual ya no es un comportamiento propio de la naturaleza en condiciones normales.

En el caso de México (CEDRSAA, 2020), el país se ha vuelto altamente vulnerable a los efectos del cambio climático, como consecuencia, actualmente se pueden observar diferentes impactos como:

1. El clima se ha vuelto más cálido desde los años sesenta del siglo pasado.
2. Las temperaturas promedio a nivel nacional aumentaron en un 0.85 °C y las invernales en 1.3 °C.
3. La precipitación pluvial ha disminuido en la región sureste del país desde hace medio siglo.

Según el Centro de Estudios para el Desarrollo Rural Sustentable y la Soberanía Alimentaria (CEDRSAA, 2020):

el gas más abundante que se emite en México es el bióxido de carbono con 71% de las emisiones, seguido del metano con 21%. Del total de estas emisiones, 64% provienen del consumo de combustibles fósiles; 10% originan por los sistemas de producción pecuaria; 8% provienen de los procesos industriales; 7% se emiten por el manejo de residuos; 6% por las emisiones fugitivas por extracción de petróleo, gas y minerías y 5% se generan por actividades agrícolas.

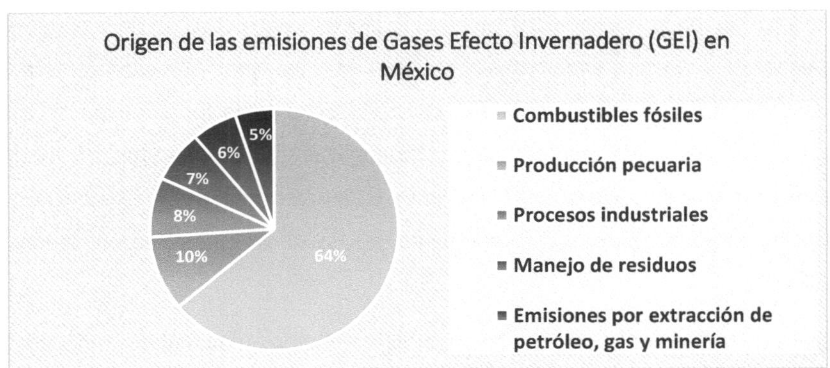

Figura 1: Distribución en porcentaje de gases de invernadero en México según su origen. Elaboración propia con datos de CDRSAA, 2020.

México tiene una gran variedad de climas de los cuales más del 70% de ellos corresponden a climas cálidos y secos (INEGI, 2020). Como se puede observar en la Figura 1, Hermosillo, Sonora, se encuentra en una zona de clima seco, además, como se mencionó anteriormente, es muy cálido, por lo que se vuelve aún más importante el control térmico de las viviendas para mantener el confort y evitar un exceso en la generación de GEI.

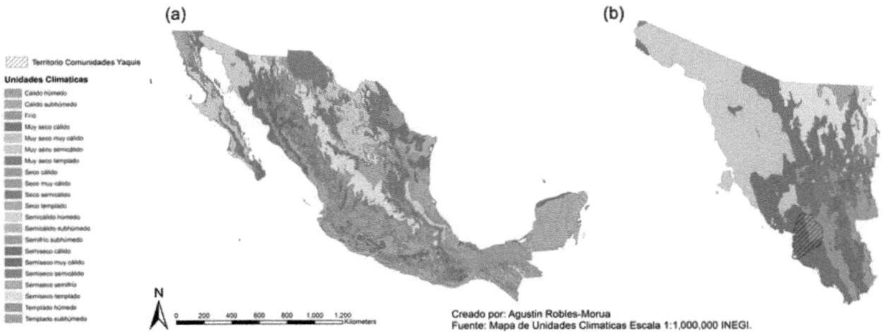

Figura 2: Clasificación de climas de México. Fuente: https://www.researchgate.net/figure/Figura-1-Clasificacion-del-clima-de-acuerdo-Koeppen-Garcia-en-a-Mexico-y-b-Sonora-y_fig1_335754132

La zona del caso de estudio es la ciudad de Hermosillo. Ésta está ubicada en el municipio del mismo nombre, al noroeste de México, y según el censo de 2020 de la Comisión Nacional del Agua (CONAGUA) cuenta con una población de 936 263 de habitantes. La ciudad está localizada en una zona de clima seco y registra temperaturas muy elevadas a lo largo del año, de hecho, en el 2019 fue catalogada como una de las diez ciudades más calurosas del mundo al registrar una temperatura de 48 °C. A pesar de lo anterior, en esta ciudad, la mayoría de las viviendas que venden los fraccionadores tienden a ser construidas de block común gris de medidas de 12x20x40 centímetros, uno de los materiales con menores propiedades térmicas que existen en el mercado. Lo anterior junto a la construcción dentro de una ciudad con temperaturas muy elevadas, ocasiona que los muros expuestos a los puntos con mayor incidencia solar se calienten más y transmitan esta temperatura al interior de las viviendas, generando un consumo energético mayor pues se requiere de aparatos artificiales para enfriar los espacios interiores de las viviendas. Aunado a los materiales de mampostería con los cuales están construidas, se encuentra el factor de la orientación de las viviendas y la orientación de las ventanas, las cuales son los principales puentes de calor que se encuentran en general en todas las viviendas y edificios.

Es por lo anterior que es de suma importancia construir todas las edificaciones tomando en cuenta el clima y microclima en el que están localizadas para tener un diseño óptimo, además previo a la construcción es de suma importancia realizar una selección apropiada de los materiales, para así, evitar al máximo depender de elementos mecánicos para conseguir el confort que requieren los usuarios.

Capítulo 2: Puentes térmicos

Los puentes térmicos son aquellos puntos en una edificación por donde el calor se transmite más fácilmente en la envolvente del exterior al interior de una edificación, como por ejemplo en soleras, cubierta, ventanas, etc. donde cambia la resistencia térmica significantemente (Arquitectos, 2018). Estos pueden tener un gran impacto en la demanda energética de un edificio, o de una vivienda, dependiendo de las condiciones climáticas en las que se ubiquen, como puede ser en climas muy calientes, o por lo contrario en climas muy fríos. Para identificar los puentes térmicos en una construcción puede hacerse uso de imágenes termográficas (Figura 3).

Figura 3: Ejemplo de una imagen termográfica en la cual son visibles los puentes térmicos provocados por las viguetas en la losa de azotea. Fuente: propia.

En el mundo la construcción está controlada y guiada por lineamientos que establece cada país, estado y municipio, y que norman las nuevas edificaciones, así como materiales, volumen de aire y luz que deben tener cada área. En España dentro de su código de construcción nombrado El Código Técnico de la Edificación, en su Documento Básico HE, sección HE1, define puente térmico como:

aquella zona de la envolvente térmica del edificio en la que se evidencia una variación de la uniformidad de la construcción, ya sea por un cambio del espesor del cerramiento o de los materiales empleados, por la penetración completa o parcial de elementos constructivos con diferente conductividad, por la diferencia entre el área externa e interna del elemento, etc., que conllevan una minoración de la resistencia térmica respecto al resto del cerramiento (Secretaria de Estado de Infraestructuras, Transporte y Vivienda, 2014, p.2):

Los puentes térmicos se dan en elementos constructivos donde se produce una variación de uniformidad y pueden ser de dos tipos (Wassouf, 2014):

1. Puntuales: Como son clavos, perforaciones, etc.
2. Lineales: Suelen tener más impacto que los puntuales. Estos a su vez se pueden catalogar en:
   - Constructivos: Cuando el cerramiento cambia de grosor.
   - Geométricos: son generados por diferencias entre las áreas internas o externas del volumen construido. Se encuentran donde hay dos o más uniones en un cerramiento mayormente en las esquinas, donde el área de la superficie exterior e interior no coincide.
   - Debidos a cambios de material: cuando un material tiene mayor conductividad térmica que el resto.

Los puentes térmicos o puentes de calor se presentan en todas las construcciones, sin embargo, existen materiales, técnicas y objetos que ayudan a mitigarlos y con los cuales se tienen ahorros en el consumo energético. Estos ahorros se ven incrementados sobre todo en lugares donde las temperaturas entre el interior y exterior de las edificaciones son muy diferentes, por lo tanto, es importante conocer una manera de reducir su impacto para disminuir el consumo energético y así contribuir a mejorar el medio ambiente y el confort de sus ocupantes.

Capítulo 3: Cámaras termográficas

Figura 4 Cámara termográfica. Fuente: https://pixabay.com/

Los puentes térmicos se pueden detectar de varias formas, y como se mencionó con anterioridad, una de estas formas es mediante termografía infrarroja.

Para obtener estos resultados necesitamos unas cámaras especiales llamadas termográficas, o cámaras térmicas, que nos permiten visualizar la energía o calor emitida por un objeto. Esta energía no se puede ver a simple vista ya que esta radiación se encuentra en el espectro invisible al ojo humano. Estos equipos permiten ver la radiación térmica emitida por los objetos independientemente de las condiciones de iluminación. Las imágenes producidas por la cámara térmica son monocromáticas, ya que las mismas han sido diseñadas con un solo tipo de sensor, que responde a un rango del espectro infrarrojo (Grekkom, 2019).

Existen 4 tipos de cámaras que se distinguen por la tecnología utilizada en ellas (Toledo, 2020):

1) Infrarrojas activas: Hace uso de un reflector de luz infrarroja (integrado o independiente), ilumina el objeto y mediante la cámara realiza la medición.

2) Infrarroja pasiva: Las más habituales, captan la radiación emitida por un cuerpo.

3) Refrigeradas: Son más sensibles y avanzadas tecnológicamente, por su alto costo suele ser utilizado en el sector militar o de seguridad.

4) No refrigeradas: similares a las refrigeradas pero limitadas en sus resultados y usos.

Capítulo 4: Normatividad sobre puentes térmicos

Y ¿qué dicen las normativas de construcción sobre este problema?, en algunos países se cuenta con un código de edificación en el cual se hace referencia explícita a los puentes térmicos, como es el caso de España, donde se cuenta con el Documento de Apoyo al Documento Básico DB-HE, Ahorro de energía, emitido por la Dirección General de Arquitectura, Vivienda y Suelo, que forma parte del el Ministerio de Fomento, Secretaría de Estado de Infraestructuras, Transporte y Vivienda (Secretaria de Estado de Infraestructuras, Transporte y Vivienda, 2014).

En el caso de México, para atender este tipo de problemas, la secretaría de energía, a través de la Comisión Nacional para el Uso Eficiente de la Energía (CONUEE), ha trabajado en un conjunto de Normas Oficiales Mexicanas (NMX) que apoyan la reducción del consumo de energía para el confort térmico en regiones de clima cálido en tres niveles: materiales, equipos y diseño de envolvente de las viviendas, sin embargo, no se habla directamente de los puentes térmicos.

En cuestión de materiales se cuenta desde hace más de 20 años con la NOM-018-ENER, que da certidumbre sobre las características térmicas de materiales para las envolventes y permite a los arquitectos especificar los elemento que reducen las ganancias térmicas por conducción. Así mismo, desde hace más de 20 años se fue desarrollando y poniendo en vigencia las NOM para equipos de aire acondicionado.

La normativa para las envolventes de la vivienda contamos con la NOM-020-ENER, que define los límites de las ganancias térmicas por conducción e irradiación solar bajo una perspectiva integral y a la cual se cumple, respecto a los diseños más comunes, con un mayor uso de aislamiento térmico y ventanas eficientes, sin embargo, se ha tenido dificultades de aplicación por varias razones, mayormente por que no ha sido integrada a los reglamentos de construcción locales (de Buen R, 2018).

Capítulo 5: Otros estudios similares a nivel mundial

Dada la problemática mundial relacionada con el cambio climático, existe un gran interés en medir el desempeño térmico de los edificios para comprobar la condición en la cual se encuentran y así identificar la necesidad de una rehabilitación energética. En este contexto, las mediciones mediante termografía infrarroja son una excelente opción ya que esta es una técnica no destructiva y es de las más útiles porque, como se dijo en capítulos pasados, permite medir la temperatura superficial con mucha precisión y sin contacto. Es por ello que, desde hace años, se han llevado a cabo estudios para la detección de puentes térmicos en todo tipo de construcciones, tanto antiguas como nuevas y se ha trabajado guías para detectarlos. Uno de estos trabajos se llama "Metodología para la caracterización térmica de un edificio con termografía infrarroja" y fue desarrollado por los autores Salandin, A., Martínez-Sala, R., Rodríguez-Abad, I., Mené-Aparicio, J., & Ausina, I. T. realizada en el año 2015. Esta es una investigación de técnicas de ensayo no destructivas aplicadas al estudio de los materiales de construcción.

Figura 5 Imagen termográfica de una fachada. Fuente: propia.

Además del trabajo anterior, existen múltiples aplicaciones de esta técnica, van desde las aplicaciones militares a médicas, mecánicas y de investigación. Destacan las relacionadas con la edificación que pueden ser desde detección de fugas de aire y calor, humedades en terrenos o por fugas de agua, condensaciones infiltraciones, percolaciones, detección de defectos de construcción y prevención de enmohecimiento (Salandin, Martínez-Sala, Rodríguez-Abad, Mené-Aparicio, & Ausina, 2015).

En otros lugares del mundo como el Nordeste de Argentina (NEA), España y Turquía, por mencionar otros países, han hecho estudios de este tipo en los cuales monitorean los puentes térmicos de diversas edificaciones. Por ejemplo, en el caso argentino, ellos identifican los puentes térmicos que se presentan en construcciones de zonas del NEA (que son construcciones de madera) como en la investigación de Manuel Venhaus Held, Herminia M. Alias, y Guillemo Jacobo en su investigación "Mejoramiento del desempeño térmico de sistemas de construcción no convencional en el NEA: Evaluación y propuesta de atenuación de puentes térmicos".

Mediante esta técnica también se ha estudiado la eficiencia de los distintos materiales innovadores que han salido a la venta, que por su novedad no son comúnmente encontrados en nuestro mercado y requieren distintas herramientas o son aplicados con ciertos productos especiales y mano de obra especializada, como es el caso de estudio del edificio monitoreado por la empresa VEKA en España y su estudio "Análisis comparativo por simulación térmica de un edificio con estándar passivhaus que incorpora ventanas de altas prestaciones", y otros estudios donde por medio de técnicas no invasivas y haciendo uso de cámara termográfica detectan los puentes térmicos en las fachadas, losas y volados de las edificaciones, donde estos presentan transferencia de calor entre el interior y el exterior de las construcciones como es el caso de la investigación de Egemen Kaymaz en su estudio "Monitoring Thermal Bridges by Infrared Thermography".

Capítulo 6: Técnicas utilizadas en soluciones a los puentes térmicos alrededor del mundo

Hoy en día debido a los grandes avances tecnológicos y las diferentes investigaciones que se han realizado, existen diferentes soluciones para contrarrestar los efectos de los puentes térmicos. Estas técnicas pueden ser de dos maneras: invasivas o pasivas. Las invasivas son aquellas en las que se detecta el puente térmico y se aplica puntualmente un método, material o producto para mitigarlo. Las pasivas son aquellas que permiten que, mediante el diseño arquitectónico, la arborización y métodos de enfriamiento de fachadas los puentes térmicos disminuyan y se controlen.

Figura 6 Aplicación de poliuretano espreado en losa. Fuente: https://fotos.habitissimo.com.mx/foto/aislameinto-base-poliuretano-espreado_133735

Como se mencionó anteriormente, la construcción está guiada por lineamientos y normas que establece cada país, estado y municipio y que obligan a las nuevas edificaciones a cumplir, como por ejemplo se establecen proporciones de áreas de m^2 construidos y m^2 vegetados, m^2 permeables, así como se menciona que se debe hacer uso de materiales que cumplan con normas federales y en algunos casos hasta con normas

Figura 7 Aplicación de placa aislante en muro Fuente: https://ayfisa.com/poliestireno-extruido-foamular/

internacionales que han sido aceptadas anteriormente. Con base en estas normas se pueden identificar técnicas invasivas y pasivas para minimizar los efectos de los puentes térmicos, disminuir el consumo energético y a su vez contribuir en la reducción de las emisiones de dióxido de carbono (CO_2).

Técnicas de mitigación invasivas

Dentro de las técnicas de mitigación invasivas que se aplican en México, se encuentra el uso principalmente de materiales aislantes como el poliuretano espreado (Figura 6) que puede ser aplicado en grandes áreas como losas de concreto, techos de lámina, muros interiores y exteriores (Quality, 2017). Placas de poliestireno (Figura 7) las cuales a diferencia del espreado es un material prefabricado el cual se adhiere a losas de concreto o muros

Figura 8 Ejemplo fachada ventilada. Fuente: https://www.caloryfrio.com/construccion-sostenible/rehabilitacion-de-edificios/fachada-ventilada-elegir-sistema.html

mediante el uso de químicos adhesivos y accesorios de fijación como clavos fichas y metales para brindar una correcta aplicación y permitir darles cuerpo a los acabados a base de cemento-arena y otro uso que se les da aparte del aislamiento térmico es el de aislamiento acústico en algunas ocasiones (Vagusa, 2017).

Es importante mencionar que no se recomienda anclar al muro estos elementos con materiales que tengan una alta conducción térmica ya que se convierten en pequeños puentes térmicos, y que en el caso de las placas aislantes es recomendable colocar dos capas traslapadas para evitar la aparición de puentes térmicos en las uniones entre ellas.

Figura 9 Muro construido con bloque de concreto celular. Fuente: https://www.paviconj-es.es/hormigon-precios/hormigon-celular/

También existen técnicas donde debido al diseño arquitectónico las fachadas según su orientación aplican el uso de materiales prefabricados que mediante su fijación le dan un espacio de entrada y salida al aire a lo que se conoce como fachadas ventiladas (Figura 8) y que están compuestas por el muro soporte del lado interior, capa de aislamiento térmico, cámara de aire ventilada, subestructura ligera de soporte de la capa y superficie exteriores de acabado *"clading"* (Bonet, 2020).

Una buena opción pero que requiere de más inversión es el block de concreto celular (Figura 9). Este tiene muchas propiedades, entre ellas ser liviano y de fácil manejo, brindar protección contra el fuego, tiene buen desempeño acústico ya que reduce la transferencia del ruido a través del muro, es de alta durabilidad y gracias a que durante el proceso de elaboración del block quedan cuerpos de aire en su estructura interior, se reduce la conductividad térmica (Silva, 2022).

El sistema de Vigueta y casetón es otro muy utilizado en la industria de la construcción dadas sus virtudes de facilidad de colocación y rapidez, y al tener el casetón de

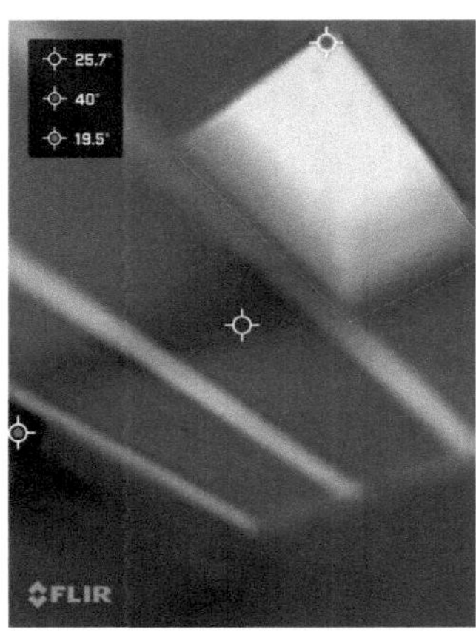

Ilustración 10 Puentes térmicos creados por el camio de material Vigueta-Casetón, en una losa de azotea. Fuente: propia.

poliestireno se cuenta con una gran área de material aislante que ayuda a mantener la temperatura interior de la construcción constante, sin embargo, como se puede observar en la Figura 10, en el área donde se encuentran las viguetas existe una transferencia de calor significativa; por lo anterior, se tomó como medida de mitigación para este tipo de puentes térmicos el uso de unas "fajillas" de poliestireno que cubren las viguetas de concreto por su parte inferior y aíslan la superficie del exterior minimizando el impacto (Fanosa, 2022).

Finalmente, otro tipo de técnicas constructivas son aquellas más invasivas para mitigar los puentes térmicos existen diversos tipos de técnicas, no tradicionales o no convencionales como aquellas que por el empleo de materiales o técnicas novedosas no son tan conocidas y su uso no se encuentra muy difundido en una determinada región (Held, Alías, & Jacobo., 2017).

Técnicas de mitigación no invasivas o pasivas

Estas técnicas consisten básicamente en el diseño de la construcción y que éste se haya hecho considerando las condiciones de la ubicación, clima y microclima. En ello son importantes los siguientes elementos (Wassouf, 2014):

- Orientación de la vivienda.
- Compacidad.
- Protección solar.
- Calidad de la envolvente térmica opaca.
- Calidad de la envolvente térmica transparente.
- Hermeticidad al paso del aire.
- Aspectos relacionados con la ventilación.
- Aspectos singulares selectivos.

En el caso de estudio se trabajó con una vivienda ya construida, por lo que la oportunidad de aplicar algunos de esos criterios ya pasó, sin embargo, aún se pueden rescatar algunos. Como ejemplo se podrían mencionar unos puentes térmicos muy comunes en todas las construcciones que aparecen en los elementos transparentes, es decir, las ventanas. Para mitigar estos puentes térmicos, se puede hacer el cambio a ventanas con perfiles de PVC o ventanas de doble vidrio el cual tiene la función con un perfil crear una barrera de aire o gas entre un cristal y otro lo que permite aislar tanto de la perdida de frio como de la ganancia de calor, lo que en ambos casos representa ahorro en el consumo energético (Saludable, 2020).

Al igual que las ventanas, las puertas también tienen materiales para aislarlas térmicamente y podemos dividirlas en dos: las puertas acristaladas, donde se aplica el mismo punto de las ventanas doble vidrio y puertas paneleadas, donde vemos dos paneles de aluminio o madera según el diseño con una hoja de poliestireno en medio (García, 2019).

La arborización es otro método de mitigación pasiva de puentes térmicos, los árboles plantados en las ciudades del mundo entero son sembrados con intenciones estéticas, cosméticas, decorativas o paisajísticas, las cuales descuidan funciones ambientales y ecológicas. El arbolado urbano, además de capturar y almacenar CO_2 de manera directa tiene la facultad de reducir de manera indirecta la generación de CO_2, especialmente por su capacidad de regular la temperatura ambiental en las áreas urbanizadas (Vargas-Gómez & Prieto, 2014). Otra técnica aplicada no tan comúnmente por el costo que esta representa debido a los materiales que ocupa son las fachadas ventiladas donde se deja un espacio de aire entre la construcción la su fachada.

Capítulo 7: El proyecto de Hermosillo

Para llevar a cabo este proyecto, se siguieron los siguientes pasos:

1. Elegir una vivienda de estudio dentro de un fraccionamiento de clase media en Hermosillo e identificar los materiales de construcción utilizados.
2. Selección de cámara termográfica para la toma de fotografías.
3. Tomar imágenes termográficas para detectar los puentes térmicos y analizarlas. Clasificar los puentes térmicos encontrados según su tipo e identificar los principales.
4. Propuesta de soluciones con base a la bibliografía que cumplan con los requisitos de ser viables y aplicarlas.
5. Una vez hechas las mejoras, volver a tomar fotografías con la cámara termográfica. Para poder analizar los resultados en las mismas condiciones climáticas, tomar fotografías a una casa contigua, de las mismas características, que se utilizará como punto de control.
6. Analizar y discutir los resultados.
7. Establecer conclusiones.

Desarrollo del proyecto

Primeramente, se realizó la selección de la vivienda, ésta se encuentra ubicada en la privada Puerta Real Etapa IV, al Norponiente de la ciudad de Hermosillo. Algunas de sus características eran las siguientes: vivienda de dos niveles, con tres recámaras, un baño y medio, sala, comedor y cocina. Construida a base de block gris común con castillos de varilla y dalas ahogadas. No presentaba ningún resalte en fachada que pudiera considerarse como aislante para la vivienda, así que se encontraba completamente desprotegida térmicamente del exterior.

Figura 11 Cámara FLIR ONE PRO. Fuente: propia.

Una vez elegida la vivienda del caso de estudio se procedió a seleccionar la cámara termográfica para la toma de fotografías e identificación de puentes térmicos. Para este proyecto se decidió por la cámara marca FLIR modelo FLIR ONE PRO (Figura 11), la cual se seleccionó por su facilidad de manejo y calidad de imagen que brinda. Esta cámara se conecta a cualquier smartphone y cuenta con las especificaciones que se muestran en la Tabla 1.

Tabla 1 Características de cámara *"FLIR ONE PRO"*

ESPECIFICACIONES	
GENERALES	
Resolución térmica	160 × 120
Duración de la batería	Aproximadamente 1 hora
Temperatura operativa	0°C — 35°C (32°F — 95°F), cargando la batería 0°C — 30°C (32°F — 86°F)
GENERACIÓN DE IMÁGENES Y ÓPTICA	
Descripción general	Cámaras Térmicas y Visuales con MSX
Distancia MSX ajustable	0.3 m — Infinito
Enfoque	Fijo 15 cm — Infinito
Frecuencia de imagen	8.7 Hz
HFOV/VFOV	50° ±1° / 38° ±1°
Obturador	Automático/Manual
Paleta	Gris (blanco caliente), más cálido, más frío, hierro, contraste, ártico, lava y rueda de colores
Resolución visual	1440 × 1080
Sensibilidad térmica/NETD	100 mK
Sensor térmico	Tamaño de píxel 17 μm, rango espectral de 8 a 14 μm
Visualización/captura de vídeo e imagen fija	Guardado como 1440 × 1080
MEDICIÓN Y ANÁLISIS	
Medidor puntual	Medición más caliente, más fría y de 3 puntos
Precisión	±3°C o ±5%, porcentaje típico de la diferencia entre la temperatura ambiente y la de la escena. Aplicable 60 segundos después de la puesta en marcha cuando la unidad está entre 15 °C y 35 °C y la escena está entre 5 °C y 120 °C.
Rango de temperatura del objeto	-20°C — 120°C (–4°F — 248°F)

Fuente: Modificada de https://www.flir.com.mx/products/flir-one-pro/?vertical=condition-monitoring&segment=solutions

Posteriormente se procedió a la toma de fotografías. Las imágenes fueron tomadas a las 14:30 horas con la cámara ya antes mencionada en un smartphone en las ubicaciones que se observan en las figuras 12 y 13.

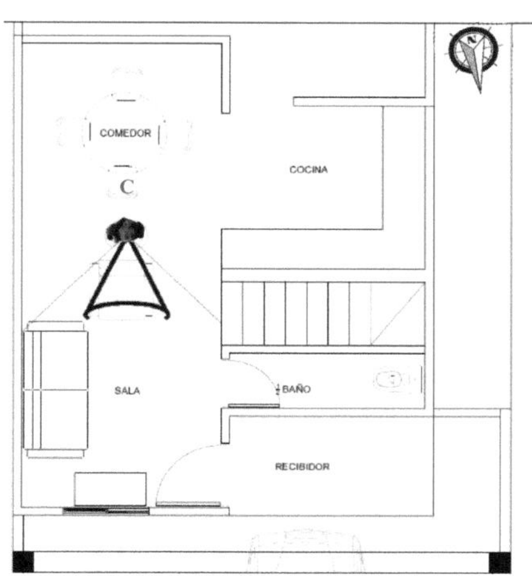

Figura 13 Ubicación del punto C. Perspectiva desde la cual se tomaron las fotos en la planta baja. Fuente: Elaboración propia.

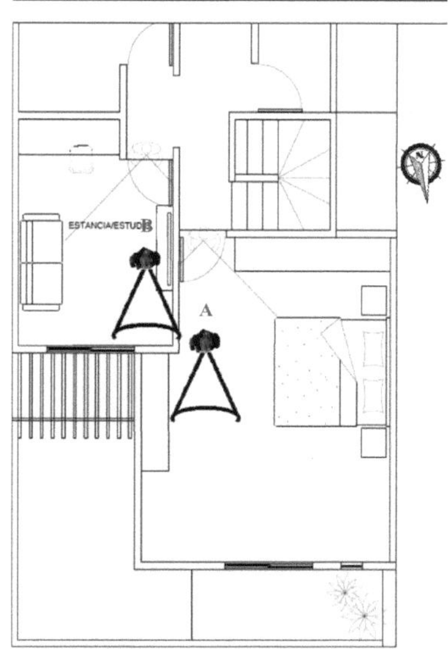

Figura 13: Ubicación de los puntos A y B. Perspectivas desde las cuales se tomaron las fotos en la planta alta. Fuente: Elaboración propia.

Una vez tomadas las fotografías se analizaron y se propusieron soluciones de mitigación. Las fotos termográficas y las soluciones propuestas se encuentran en la Tabla 2.

Es preciso agregar que adicionalmente al objetivo de disminuir el impacto de los puentes térmicos en la vivienda, se aprovechó la intervención para satisfacer la necesidad de los propietarios de contar con una recámara extra. La intervención se hizo con materiales de block, castillo colado con varilla, cerramientos colados con varillas, ventanas amplias de aluminio con vidrios dobles y en el exterior enjarre grueso a base de mortero y arena de 2 cm de espeso y una capa de fino de cemento de 0.05 cm de espesor con resaltes considerables de placa aislantes con un área aproximada de 15 m^2. También se incorporaron volados a la fachada a base de IPR con su núcleo solido de Panel W de 2" de espesor y una pérgola a base de reglas de 4" y con cubierta de policarbonato gris y muros de resalte en la fachada para cubrir la orientación del poniente en la terraza.

Tabla 2 Imágenes termográficas de la vivienda antes de la intervención y propuestas de solución.

Imagen termográfica	Propuesta de intervención
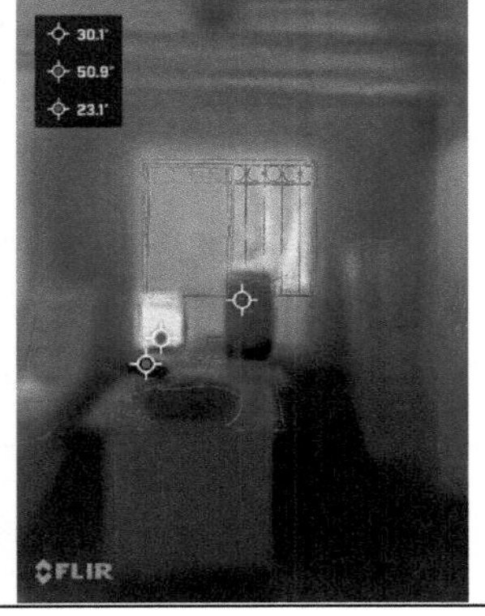	En el muro de la recamara principal se colocará un muro que le brindara protección del oeste este con la finalidad de ampliar una recamara contiguo sobre la construcción de la cochera proyectada. Se ampliará la ventana para crear paso hacía la terraza con una puerta ventana corrediza.
	La construcción de la cochera brindara a la sala una gran cantidad de área sombreada y a su vez el tener arriba construcción de la nueva recamara principal le ayudara a disminuir la entrada de calor desde el entrepiso en la unión del muro y losa.

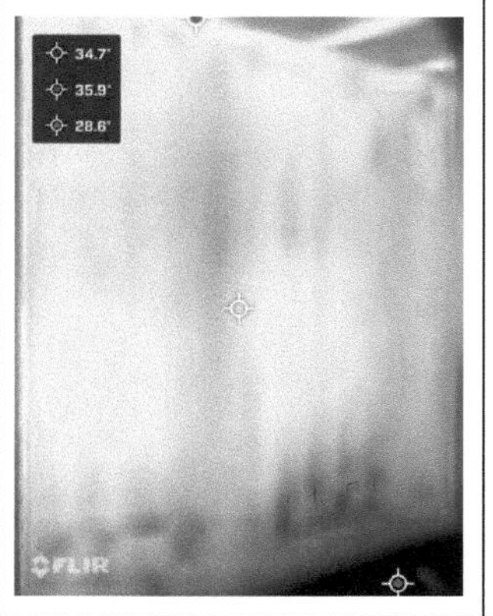

El muro que da hacía el poniente se consideró que solamente podría tener enjarre de cemento-arena con un espesor de 2 centímetros por motivos de que el vecino colindante construirá en su cochera a futuro y se decidió no intervenir con ningún tipo de aislante térmico.

Fuente: Elaboración propia.

Para este caso de estudio se aplicaron más técnicas puntuales o invasivas que pasivas por motivos de espacio y costos. Se amplió la recamara principal con muro de block de concreto en muros de la recamara, pretil y muro colindante de la fachada donde el muro tiene un grosor de 40 cm debido a que es muro doble de block. También se aplicó en muros de la fachada de la terraza placa de poliestireno de 2" sobre enjarre a base de cemento-arena de 2 cm de espesor para cubrir la cara norte y parte del este donde el sol de la mañana y de la tarde más inciden y evitar el calentamiento del muro. Finalmente, para cubrir las puertas y ventanas se propusieron volados a base de Panel W enjarrados con estuco cemento-arena impermeabilizado en la parte superior y enjarrado con yeso por la parte inferior y para la segunda puerta ventana un pergolado de estructura de acero con una cubierta de policarbonato translucido.

Algunas fotos del proceso constructivo se pueden observar en las figuras 14, 15, 16 y 17.

Figura 14 Posición de volado en recámara principal y muro doble de terraza. Fuente propia.

Figura 15 Placa de poliestireno aplicada en muro, posicionada estratégicamente para la zona donde se presenta mayor incidencia solar. Fuente propia.

Figura 17 Aplicación de enjarre grueso y fino en muro colindante orientado al oeste. Fuente propia.

Figura 16 Volado en recámara principal ampliada para protección de incidencia solar. Fuente propia.

Una vez concluida la intervención, se procedió a tomar nuevamente las fotografías con la cámara termográfica. Los resultados se muestran en la Tabla 3.

Tabla 3 Descripción de espacios de vivienda intervenida y comparativa de imagen infrarroja e imagen normal.

Vivienda intervenida		
Descripción de la imagen	**Imagen termográfica**	**Imagen normal**
Imagen de vivienda intervenida vista A, muro de recámara principal vista norte. Se aprecia como la fuente de calor principal es la puerta ventana aun cuando esta es de doble vidrio, en los muros se observa una reducción considerable de temperatura superficial ya que el muro tiene enjarre cemento-arena de 2cm de espesor más una placa de poliestireno de 1".		

Imagen de vivienda intervenida vista A, losa de recámara principal. Se observa cómo se encienden las viguetas y las cajas de los spots empotrados en losa. La losa cuenta con un espesor de 5cm de concreto, sobre techo con pendiente hacía la puerta ventana de un espesor de 6cm a 2cm y con impermeabilizante aplicado con malla de refuerzo y a dos manos. En lo que se observa del muro se ve que disminuyo el acceso de calor por la aplicación de los enjarres y la placa aislante.	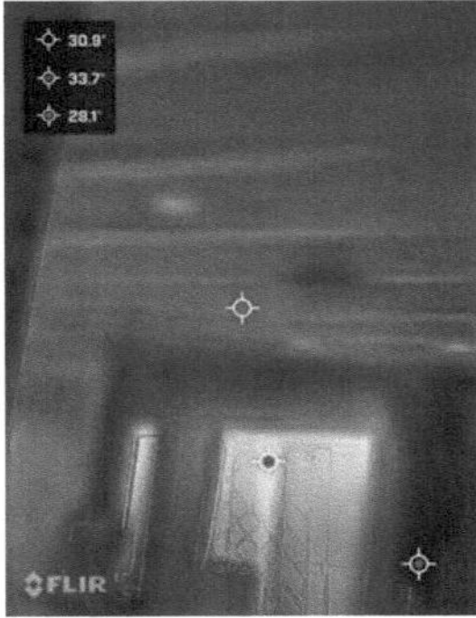	
Imagen de vivienda intervenida vista B, recámara secundaria anteriormente la principal, al tener un muro que le da sombra al oeste la única entrada de calor es por la losa la cual no se intervino en esa parte de la vivienda.		

Imagen de vivienda intervenida vista C, sala en planta baja. La sala anteriormente se encontraba con su cara directa al exterior en la intervención se construyó cochera lo que da un sombreado que protege el muro y su única entrada de calor es por medio de la ventana que es de cristal de mm y cancelería de aluminio.		
Imagen de vivienda intervenida vista A, recámara principal, vista oeste. En este muro se aplicó un enjarre uniforme de 2cm de espesor cemento-arena, no se pudo aplicar otro tipo de material ya que intervenimos en la propiedad del vecino y no accedió a que se aplicara ningún otro material que resaltara o invadiera su propiedad. Se observa como al estar al poniente este tiene un mayor contacto y filtración de calor hacia el interior de la recámara.		

Para finalizar el estudio y con la finalidad de poder comparar el estado actual con el anterior y tener la confianza de que las condiciones climáticas son las mismas, se aprovechó que es un fraccionamiento de viviendas en serie y se pidió a un vecino, que tiene su vivienda como el estado original, la oportunidad de tomar fotografías con la cámara termográfica y se tomaron también en la vivienda intervenida, esto con una diferencia de 10 monitos entre las tomas, el resultado es el que se muestra en la tabla

Tabla 4 Comparativa de temperaturas entre vivienda intervenida y sin intervenir, tomadas el mismo día en las mismas condiciones climáticas. Fuente: elaboración propia.

Comparativa de temperaturas			
Vivienda sin intervención			
Habitación	Temperatura ambiente interior	Temperatura superficial máxima	Temperatura superficial mínima
Recámara principal	31.00°	36.60°	29.00°
Sala	31.00°	35.20°	28.60°
Vivienda intervenida			
Habitación	Temperatura ambiente interior	Temperatura superficial máxima	Temperatura superficial mínima
Recámara principal	28.00°	33.70°	26.90°
Sala	28.00°	32.30°	27.70°
Recámara nueva	28.00°	33.70°	29.00°

Capítulo 8: Análisis de resultados

Los puentes térmicos localizados en la vivienda original y en la intervenida fueron puentes térmicos geométricos. Estos se encontraron mayormente en los muros debido a que el espesor del material de recubrimiento o aislamiento sufre un cambio. Este tipo de puentes térmicos es prácticamente inevitable en todas las construcciones, al igual que los cerramientos, donde se encuentra un cambio de material.

También se encontraron puentes térmicos constructivos, que son los más fáciles de comprender y visualizar. Esto debido al cambio de material físico, una brecha o un componente que pasas a través del material interrumpiendo la continuidad de la capa como las viguetas (Ezquerra, 2020).

Los puentes térmicos encontrados podemos subdividirlos en otros tipos como lineales, puntuales y repetitivos. De los cuales lineales encontramos castillos y cadenas, puntuales como es el caso de los accesorios eléctricos en losa.

Los puentes térmicos más notorios identificados en la vivienda ya intervenida son los siguientes: en muros se encontraron los castillos y gran parte del muro con orientación hacia el poniente en el cual no se tiene ningún tipo de aislamiento térmico (no se le puso aislamiento ya que el muro es colindante con el lote vecino y no había espacio para su colocación); en la losa siguen apareciendo ciertas viguetas, esto se debe a que no se pudo intervenir la vivienda por completo. Estas filtraciones de calor marcaban una gran diferencia en las temperaturas superficiales obtenidas con la cámara térmica como se muestra en la siguiente tabla.

Las modificaciones que se aplicaron a la vivienda de estudio que fue intervenida tuvieron un efecto positivo, se observó en la comparativa (Tabla 4) de los puentes térmicos identificados y las variantes de temperaturas que, sí existe una reducción considerable de temperaturas superficiales y ambientales con el uso de volados, ventanas de doble vidrio, enjarres con espesores correctos, sobre techo y placas aislantes en muros. Estas técnicas de diseño arquitectónico y aplicación de materiales constructivos correctos según el alcance del proyecto ejecutado indican que fueron exitosos. Los mismos inquilinos de la vivienda comentan que se siente un cambio muy grande en cuanto al confort térmico y que han observado que su gasto energético ha disminuido considerablemente al no tener tantas fugas de calor en su vivienda.

Capítulo 9: Conclusiones

Hoy en día el tema del calentamiento global es uno de los más trascendentes ya que todos los habitantes del planeta estamos sufriendo sus consecuencias. Este calentamiento es generado por diversas fuentes de emisión de los denominados gases de efecto invernadero, los cuales están estrechamente ligados con el consumo energético, principalmente de combustibles fósiles. El medio ambiente construido es una de las principales fuentes generadoras de este tipo de gases y gran parte de estas emisiones tienen su origen en el uso de herramientas de climatización para lograr el confort térmico dentro de las edificaciones. Esta dependencia de los medios mecánicos de climatización se da principalmente en climas extremosos y se vuelve exponencial en los casos donde las construcciones son antiguas o de baja calidad en términos de eficiencia energética y aislamiento térmico.

En este proyecto se lograron identificar por medio de termografía los principales puentes térmicos en la vivienda del caso de estudio, para esto se hizo uso de la cámara FLIR ONE PRO que ayudó a localizar de una manera no invasiva los puentes térmicos de la vivienda con uso de la tecnología infrarroja. Además, mostró las distintas temperaturas superficiales que se encontraron en los puntos en los cuales se tomaron las imágenes. En estas imágenes se puede observar que se tuvo una diferencia de entre 8 y 10 grados en algunos puntos de las habitaciones evaluadas en la vivienda.

Se considera que se concluyó satisfactoriamente la intervención de la vivienda y que la selección de materiales constructivos y técnicas para la mitigación de los puentes térmicos fue beneficiosa, además se seleccionaron materiales económicos y de fácil manejo para su instalación. Es importante mencionar que así como se pueden encontrar fácilmente materiales útiles para mitigar puntualmente los puentes térmicos identificados en una vivienda, existen otras técnicas que se pueden aplicar desde la etapa de diseño del proyecto arquitectónico, como por ejemplo la arborización y el uso de vegetación para sombreado y enfriamiento de inmuebles, donde mediante la posición estratégica de plantas y vegetación se puede contribuir a mitigar la aparición de puentes térmicos y además permite dar un enfriamiento natural a las edificaciones si se combina con un buen sistema de ventilación cruzada.

Capítulo 10: Referencias

Aguilar, W. B. (2004). El cambio climático: un problema de energía. *El Cotidiano* , 66-79.

Arquitectos, A. (26 de Noviembre de 2018). *Arrevol*. Obtenido de Arrevol:
https://www.arrevol.com/blog/como-detectar-y-evitar-los-puentes-termicos

Bonet, J. S. (12 de Agosto de 2020). *Caalor y frio* . Obtenido de Calor y frio:
https://www.caloryfrio.com/construccion-sostenible/rehabilitacion-de-edificios/fachada-ventilada-elegir-sistema.html

CEDRSAA. (03 de Abril de 2020). *Consecuiencias de cambio climático en México*. Obtenido de
Centro de estudios para el Desarrollo Rural Sustentable y la Soberanía Alimentaria:
http://www.cedrssa.gob.mx/post_n-consecuencias-n-_del_-n-cambio_climnotico-n-_en_mn-xico.htm

CONAGUA. (Junio de 2019). *CONAGUA*. Obtenido de CONAGUA SONORA:
https://smn.conagua.gob.mx/es/pronosticos/pronosticossubmenu/pronostico-meteorologico-general

de Buen R, O. (2018). *Mundo HVAC&R*. Obtenido de Mundo HVAC&R:
https://www.mundohvacr.com.mx/2021/09/vivienda-y-calor-en-mexico-impacto-retos-y-soluciones/

Ezquerra, V. (2020). *Puentes térmicos y passivhaus*. Obtenido de
https://www.vanesaezquerra.com/puentes-termicos-y-passivhaus/

Fanosa. (2022). *Fanosa* . Obtenido de Fanosa : https://www.fanosa.com/productos-bovedilla.html

Forbes México. (12 de junio de 2019). *Forbes México*. Obtenido de Forbes México:
https://www.forbes.com.mx/hermosillo-es-el-lugar-mas-caliente-del-planeta-supera-al-sahara/#:~:text=Hermosillo%20se%20convirti%C3%B3%20en%20el,45.1%C2%BAC%20alcanzado%20en%201993.

García, Á. S. (25 de Noviembre de 2019). *Kömmerling*. Obtenido de Kömmerling: https://retokommerling.com/puertas-de-entrada/

Grekkom, T. (19 de Febrero de 2019). *grekkom*. Obtenido de https://grekkom.com/que-es-y-como-funciona-una-camara-termica/

Held, M. V., Alías, H. M., & Jacobo., G. (2017). Mejoramiento del desempe{o térmico de sistemas de construcción no convencional en el NEA: Evaluación y propuesta de atenuación de puentes térmicos. *ADNea*, 77-86.

Improving the detection of thermal bridges in buildings via on-site infrared thermography: The potentialities of innovative mathematical tools. (2019). En A. C.-C. Stefano Dfarra, *Energy and Buildings* (págs. 159-171). Elsevier.

INEGI. (2020). *INEGI*. Obtenido de INEGI: https://www.inegi.org.mx/temas/climatologia/#Mapa

Kömmerling. (s.f.). *Kömmmerling*.

KORE Insulation. (2016). *Thermal bridging: What it is & whya you should avoid it.* UK: KORE .

Manuj, A. (2022). *Reforma Coruña*. Obtenido de Reforma Coruña: https://reformacoruna.com/cambiar-ventanas/

Marincic , I., Ochoa de la Torre, J. M., Alpuche Cruz , M. G., Duarte, A., Vargas, L., Gonzalez, I., . . . Huelsz, G. (2011). La construcción actual de las viviendas en Hermosillo y su adecuación al clima por medios pasivos. *Memorias del XXXV Congreso Nacional de Energía Solar* , 189-193.

Orlando Vargas-Gómez, L. F.-P. (2014). Arborizaciones urbanas: Estrategia para mitigar el calentamiento global. *Revista Nodo* , 99-108.

Quality, P. E. (6 de Noviembre de 2017). *Poliuretano Espreado Quality*. Obtenido de Poliuretano Espreado Quality: https://www.poliuretanoespreadoquality.com.mx/blog/articles/usos-del-poliuretano-espreado-

Rojas, A. D. (2019). *Estrategias pasivas de ventilación natural en la envolvente de un modelo de edificación dotacional, para el mejoramiento del confort térmico en la ciudad de Bogotá.* Bogotá, Colombia.: Universidad Católica de Colombia .

Salandin, A., Martínez-Sala, R., Rodríguez-Abad, I., Mené-Aparicio, J., & Ausina, I. T. (2015). Metodología para la caracterización térmica de un edificio con termografía infrarroja. *Tecnología e Investigación en edificación*, 181-183.

Saludable, V. (2020). *Vivienda Saludable* . Obtenido de Vivienda Saludable : https://www.viviendasaludable.es/reformas-bricolaje/cerramientos/ventanas-de-doble-acristalamiento

Secretaria de Estado de Infraestructuras, Transporte y Vivienda. (Mayo de 2014). Documento de apoyo al documento basico. *DB-HE Ahorro de Energía : Puentes térmicos*. España: Ministerio de Fomento.

Silva, O. J. (2022). *360 en concreto*. Obtenido de 360 en concreto: https://360enconcreto.com/blog/detalle/propiedades-y-aplicaciones-del-concreto-celular-1/

Toledo, T. (2020). *Twin Telecom*. Obtenido de Twin Telecom: https://www.twintelcom.com/camaras-termicas-o-infrarrojas-tipos-ventajas-y-como-funcionan/

Vagusa, G. (2017). *Grupo Vagusa*. Obtenido de Grupo Vagusa: http://www.viguetasybovedillasvagusa.com/placa-de-poliestireno/

Vargas-Gómez, O., & Prieto, L. F. (2014). Arborizaciones urbanas: estrategia para mitigar el calentamiento global. *Revista Nodo* , 99-108.

Wassouf, M. (2014). *De la casa pasiva al estándar Passivhaus La arquitectura pasiva en climas calidos*. Gustavo Gill.

yes
I want morebooks!

Buy your books fast and straightforward online - at one of world's fastest growing online book stores! Environmentally sound due to Print-on-Demand technologies.

Buy your books online at
www.morebooks.shop

¡Compre sus libros rápido y directo en internet, en una de las librerías en línea con mayor crecimiento en el mundo! Producción que protege el medio ambiente a través de las tecnologías de impresión bajo demanda.

Compre sus libros online en
www.morebooks.shop

Printed by Books on Demand GmbH, Norderstedt / Germany